NICHT ALKOHOLISCHE FETTLEBER

Der ultimative Leitfaden zur Diagnose, Behandlung und Prävention von NAFLD

Isabella White

Inhalt

HEPATITIS

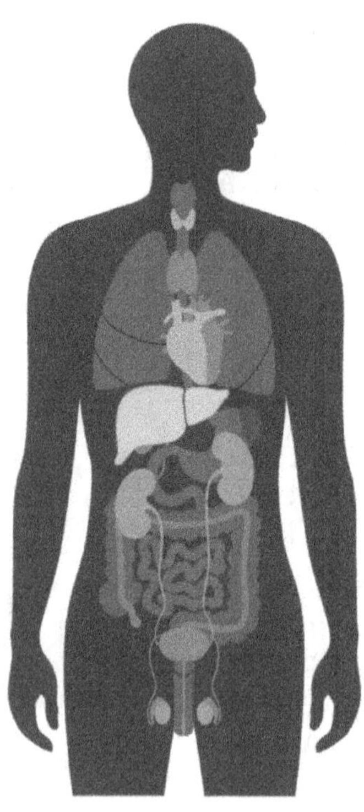

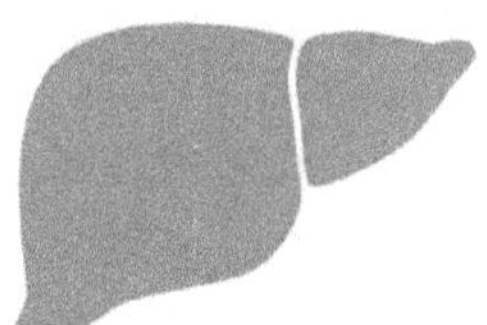

Healthy liver

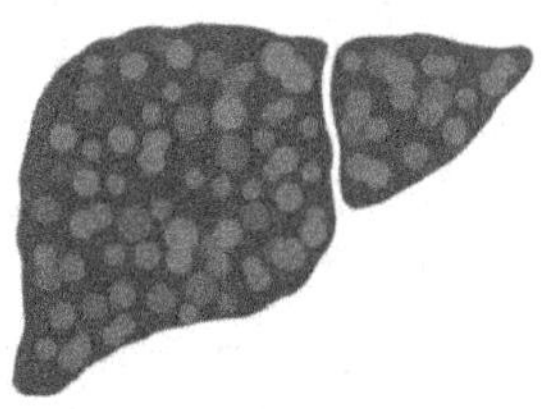

inflammation of the liver tissue

EINFÜHRUNG

Die weltweite Prävalenz der nichtalkoholischen Fettlebererkrankung (NAFLD) nimmt zu und betrifft eine beträchtliche Anzahl von Menschen. Einst als harmlose Erkrankung angesehen, hat sich NAFLD mittlerweile als Hauptursache für chronische Lebererkrankungen, Leberzirrhose und hepatozelluläres Karzinom herausgestellt. Ziel dieses umfassenden Leitfadens ist es, NAFLD, einschließlich seiner Diagnose und wirksamen Behandlungsstrategien, umfassend zu verstehen.

Auf den Seiten dieses Buches werden wir uns mit mehreren Facetten der NAFLD befassen und beginnen mit einem Einführungskapitel, das eine solide Grundlage für das Verständnis der Erkrankung legt. Wir werden die Risikofaktoren und zugrunde liegenden Ursachen von NAFLD untersuchen und dabei genetische und umweltbedingte Einflüsse beleuchten. Indem wir uns auf Symptome und diagnostische Verfahren konzentrieren, werden wir die Instrumente und Tests diskutieren, die zur Identifizierung von NAFLD eingesetzt werden, und um sie genau von anderen Lebererkrankungen zu unterscheiden.

Für die Entwicklung geeigneter Managementansätze ist es von entscheidender Bedeutung, Einblicke in die Phasen der NAFLD zu gewinnen. Wir werden die verschiedenen Stadien untersuchen, darunter einfache Steatose, nichtalkoholische Steatohepatitis (NASH) und fortgeschrittene Fibrose. Durch das Verständnis des Verlaufs und der damit verbundenen Komplikationen erhalten die Leser wertvolles Wissen über die möglichen langfristigen Auswirkungen von NAFLD.

Dieses Buch bietet eine eingehende Analyse der Lebensstiländerungen, die für eine wirksame Behandlung von NAFLD erforderlich sind. Wir werden evidenzbasierte Strategien vorstellen, darunter Ernährungsansätze, Bewegungsempfehlungen und körperliche Aktivität, um die Lebergesundheit zu verbessern und das Fortschreiten der Krankheit zu verlangsamen. Darüber hinaus werden wir uns mit der Rolle von Medikamenten, Nahrungsergänzungsmitteln, alternativen Therapien und den neuesten Fortschritten bei nicht-invasiven und invasiven Verfahren befassen.

Wir sind uns der psychologischen und emotionalen Auswirkungen von NAFLD bewusst und werden uns mit der umfassenden Betreuung der Patienten befassen. Wir werden Bewältigungsstrategien, Unterstützungssysteme und Techniken besprechen, um die Herausforderungen des Lebens mit NAFLD zu meistern und einen ganzheitlichen Ansatz für das Wohlbefinden des Patienten sicherzustellen.

Abschließend werden wir aufkommende Trends und Forschungsrichtungen im Bereich NAFLD hervorheben und vielversprechende Wege für zukünftige Behandlungs- und Präventionsstrategien erkunden. Indem Leser über die neuesten Entwicklungen auf dem Laufenden bleiben, können sie ein tieferes Verständnis von NAFLD erlangen und zu den laufenden Bemühungen zur Bekämpfung dieser globalen Gesundheitsbelastung beitragen.

Mit seiner umfassenden Berichterstattung und der leicht verständlichen Sprache*NICHTALKOHOLISCHE FETTLEBERKRANKHEIT: Der ultimative Leitfaden zur Diagnose, Behandlung und Prävention von NAFLD* soll als unschätzbare Ressource für medizinisches Fachpersonal, Patienten und Einzelpersonen dienen, die Wissen über diese weit verbreitete Lebererkrankung suchen.

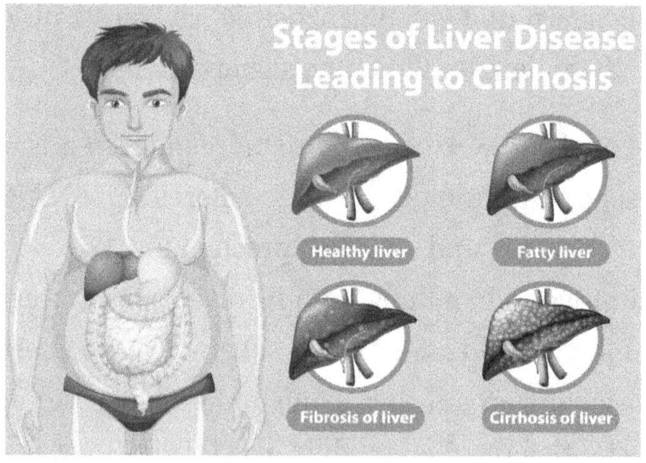

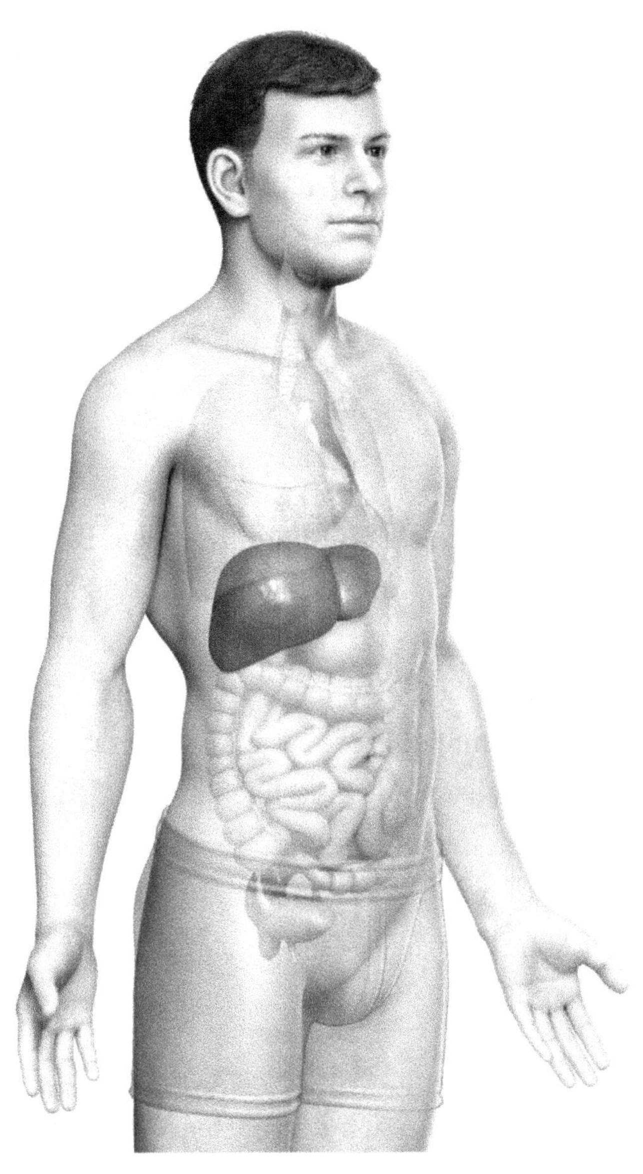

Kapitel 1

DIE GRUNDLAGEN VON NAFLD

Im ersten Kapitel dieses umfassenden Leitfadens möchten wir eine fundierte Wissensbasis schaffen, damit die Leser die Feinheiten der nichtalkoholischen Fettlebererkrankung (NAFLD) verstehen können. Dieses Kapitel befasst sich mit wichtigen Konzepten, einschließlich der Anatomie und Funktion der Leber, den Ursachen und Risikofaktoren im Zusammenhang mit NAFLD und dem komplizierten Zusammenhang zwischen NAFLD und Fettleibigkeit.

Die Anatomie und Funktion der Leber

Die Leber befindet sich im rechten Oberbauch und ist ein unverzichtbares Organ, das für verschiedene

Körperprozesse von entscheidender Bedeutung ist. Es dient als Stoffwechselkraftwerk und unterstützt die Verdauung, Entgiftung und Synthese essentieller Proteine. Zu den Hauptaufgaben der Leber gehören die Verarbeitung von Nährstoffen aus der Nahrung, die Regulierung des Blutzuckerspiegels, das Herausfiltern von Giftstoffen und die Produktion der für die Fettverdauung notwendigen Galle.

Ursachen und Risikofaktoren von NAFLD

NAFLD entsteht vor allem in engem Zusammenhang mit dem metabolischen Syndrom und der Adipositas. Wenn eine Person dauerhaft mehr Kalorien zu sich nimmt, als ihr Körper verbrauchen kann, sammelt sich überschüssiges Fett in der Leber an. Beteiligte Faktoren wie Insulinresistenz, erhöhte Triglyceridspiegel im Blutkreislauf und Entzündungen tragen zusätzlich zur Entwicklung von NAFLD bei. Weitere Risikofaktoren sind Typ-2-Diabetes, Bluthochdruck, hohe Cholesterinwerte und eine sitzende Lebensweise.

TEr verbindet zwischen NAFLD und Fettleibigkeit

Fettleibigkeit ist ein wesentlicher Risikofaktor für NAFLD. Das überschüssige Fettgewebe im Körper, insbesondere im Bauchbereich, spielt eine entscheidende Rolle bei der Fettansammlung in der Leber. Die genauen Mechanismen, die dem Zusammenhang zwischen NAFLD und Fettleibigkeit zugrunde liegen, sind kompliziert und noch nicht vollständig geklärt.

Es wird jedoch allgemein angenommen, dass Fettgewebe entzündungsfördernde Substanzen und Fettsäuren freisetzt, die zu Leberentzündungen und -schäden führen können. Darüber hinaus löst Fettleibigkeit häufig eine Insulinresistenz aus, was die Entwicklung von NAFLD weiter verschlimmert.

Es ist wichtig zu beachten, dass nicht alle Personen mit NAFLD fettleibig sind und nicht alle fettleibigen Personen eine NAFLD entwickeln. Andere Faktoren wie genetische Veranlagung und bestimmte medizinische Bedingungen können ebenfalls zum Auftreten von NAFLD bei nicht adipösen Personen beitragen.

Das Erfassen der grundlegenden Aspekte der NAFLD, einschließlich der Anatomie und Funktion der Leber, der Ursachen und Risikofaktoren sowie der komplexen Beziehung zwischen NAFLD und Fettleibigkeit, schafft eine solide Grundlage für die weitere Erforschung und Behandlung dieser Erkrankung.

Dieses Verständnis unterstreicht die Bedeutung der Aufrechterhaltung eines gesunden Lebensstils, der eine ausgewogene Ernährung, regelmäßige körperliche Aktivität, Gewichtskontrolle und eine sorgfältige Überwachung relevanter Erkrankungen umfasst. Durch die proaktive Annahme dieser Lebensstilentscheidungen und die Suche nach angemessener medizinischer Versorgung können Einzelpersonen das NAFLD-Risiko verringern und ihre allgemeine Lebergesundheit verbessern.

Multicentric Castleman's disease (MCD)

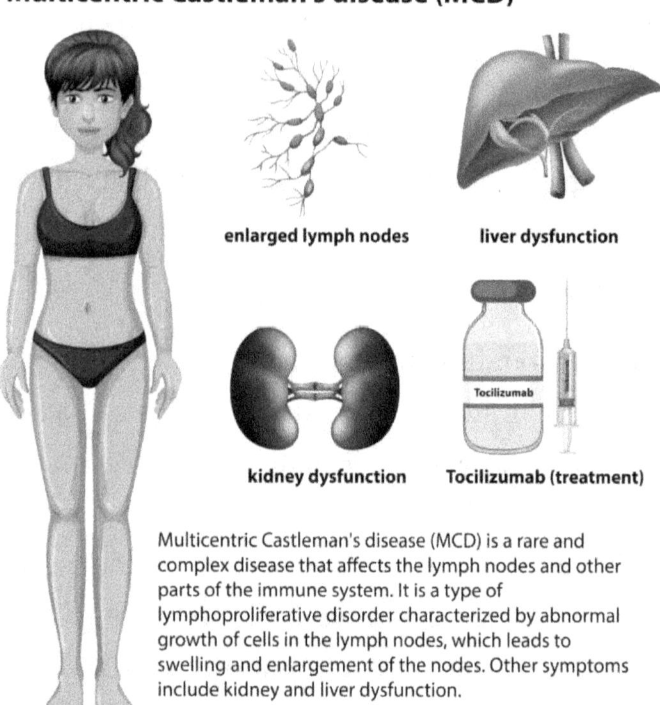

Multicentric Castleman's disease (MCD) is a rare and complex disease that affects the lymph nodes and other parts of the immune system. It is a type of lymphoproliferative disorder characterized by abnormal growth of cells in the lymph nodes, which leads to swelling and enlargement of the nodes. Other symptoms include kidney and liver dysfunction.

Kapitel 2

TYPEN UND STUFEN DER NAFLD

In diesem zweiten Kapitel werden wir die verschiedenen Arten und Stadien der nichtalkoholischen Fettlebererkrankung (NAFLD) untersuchen. Unser Schwerpunkt liegt auf der nichtalkoholischen Fettleber (NAFL) und der nichtalkoholischen Steatohepatitis (NASH) sowie dem Fortschreiten von Fibrose und Zirrhose bei fortgeschrittenen NAFLD-Fällen.

Nicht Alkoholische Fettleber (NAFL)

Die nichtalkoholische Fettleber (NAFL) stellt das Anfangsstadium der NAFLD dar, die durch die Ansammlung von überschüssigem Fett in der Leber gekennzeichnet ist. In diesem Stadium enthalten die Leberzellen mehr als 5 % Fett, es liegt jedoch keine nennenswerte Entzündung oder Schädigung der Leberzellen vor. Während NAFL im Allgemeinen als eine relativ harmlose Erkrankung gilt, kann sie sich zu schwerwiegenderen Stadien entwickeln, wenn sie unbehandelt oder nicht behandelt wird.

Nichtalkoholische Steatohepatitis (NASH)

Nichtalkoholische Steatohepatitis (NASH) bezeichnet ein fortgeschritteneres Stadium der NAFLD, das durch das Vorhandensein von Entzündungen und Leberzellschäden neben Fettansammlung gekennzeichnet ist. Bei NASH weist die Leber Anzeichen einer Entzündung auf, wobei Immunzellen in das Lebergewebe eindringen.

NASH kann Leberzellen schädigen und die Entwicklung einer Fibrose auslösen, bei der es sich um die Ansammlung von Narbengewebe in der Leber handelt. NASH gilt als schwerwiegendere Erkrankung, da sie zu einer Leberzirrhose führen und das Risiko für Leberversagen und Leberkrebs erhöhen kann.

Fibrose und Zirrhose bei fortgeschrittenen NAFLD-Fällen

Mit fortschreitender NAFLD kann es in schwereren Fällen zur Entstehung von Fibrose und Zirrhose kommen. Fibrose ist die übermäßige Ansammlung von Narbengewebe in der Leber, die die Leberfunktion und den Blutfluss beeinträchtigen kann.

Unbehandelt können anhaltende Entzündungen und Fibrose zu einer Leberzirrhose führen, einem Zustand, der durch ausgedehnte Narbenbildung und irreversible Schäden an der Leber gekennzeichnet ist. Eine Leberzirrhose beeinträchtigt die Leberfunktion erheblich und kann zu Komplikationen wie portaler Hypertonie, Aszites (Ansammlung von Bauchflüssigkeit) und hepatischer Enzephalopathie führen.

Es ist wichtig zu erkennen, dass nicht alle Personen mit NAFLD zu NASH fortschreiten oder eine Fibrose und Zirrhose entwickeln. Der Verlauf der NAFLD variiert von Person zu Person und wird von verschiedenen Faktoren beeinflusst, darunter der

Genetik, der Wahl des Lebensstils und dem Vorliegen anderer Erkrankungen.

Eine genaue Diagnose und eine angemessene Einstufung der NAFLD sind entscheidend für die Bestimmung der am besten geeigneten Behandlungs- und Managementstrategien. Dies erfordert oft eine Kombination aus Änderungen des Lebensstils, wie Gewichtsverlust, gesunde Essgewohnheiten, regelmäßige körperliche Aktivität und die Behandlung damit verbundener Erkrankungen. Eine engmaschige Überwachung und regelmäßige Nachsorge durch medizinisches Fachpersonal sind für die Beurteilung des Krankheitsverlaufs und die Identifizierung möglicher Komplikationen von entscheidender Bedeutung.

Durch das Verständnis der verschiedenen Arten und Stadien der NAFLD gewinnen Einzelpersonen wertvolle Einblicke in den Verlauf und die Schwere der Erkrankung. Durch die frühzeitige Erkennung und proaktive Behandlung von NAFLD können Einzelpersonen die notwendigen Maßnahmen ergreifen, um die Krankheit zu kontrollieren, weiteren Leberschäden vorzubeugen und ihre Lebergesundheit langfristig zu verbessern.

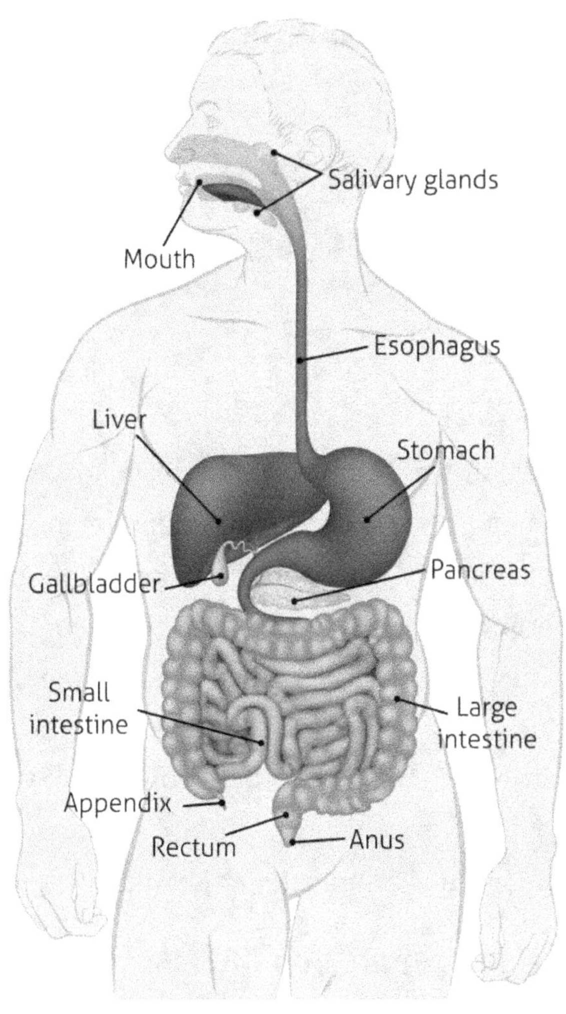

Kapitel 3

SYMPTOME UND KOMPLIKATIONEN VON NAFLD

In diesem dritten Kapitel werden wir uns mit den Symptomen und Komplikationen im Zusammenhang mit der nichtalkoholischen Fettlebererkrankung (NAFLD) befassen. Unser Fokus liegt auf den häufigen Symptomen von Personen mit NAFLD, dem Zusammenhang zwischen NAFLD und dem metabolischen Syndrom sowie den möglichen Komplikationen und langfristigen Auswirkungen der Krankheit.

Häufige Symptome von NAFLD

In den frühen Stadien der NAFLD treten bestimmte Symptome möglicherweise nicht auf und viele

Menschen sind sich ihrer Erkrankung möglicherweise noch nicht bewusst. Mit fortschreitender NAFLD können jedoch bei einigen Personen die folgenden Symptome auftreten:

- **Ermüdung:** Unerklärliche Müdigkeit und Energiemangel.
- **Bauchschmerzen:** Leichte Schmerzen oder Beschwerden im oberen rechten Bauch.
- **Erhöhte Leberenzyme:** Wird durch Blutuntersuchungen festgestellt, die die Leberfunktion messen.
- **Vergrößerte Leber:** Die Leber kann vergrößert und bei einer körperlichen Untersuchung erkennbar sein.
- **Gelbsucht:** In seltenen Fällen einer fortgeschrittenen Leberschädigung kann es zu Gelbfärbung der Haut und der Augen kommen.

Es ist wichtig zu beachten, dass diese Symptome nicht nur bei NAFLD auftreten und auch mit anderen Lebererkrankungen in Zusammenhang stehen können. Daher ist eine ordnungsgemäße Diagnose durch einen Arzt unerlässlich.

Zusammenhang zwischen NAFLD und metabolischem Syndrom

NAFLD steht in engem Zusammenhang mit dem metabolischen Syndrom, einer Reihe von Erkrankungen, die das Risiko für Herz-Kreislauf-Erkrankungen, Typ-2-Diabetes und Schlaganfall erhöhen. Das metabolische Syndrom ist durch eine Kombination von Faktoren gekennzeichnet, darunter Fettleibigkeit, Bluthochdruck, hoher Blutzuckerspiegel und abnormale Cholesterinwerte. Diese Stoffwechselstörungen treten häufig gleichzeitig mit NAFLD auf und können das Fortschreiten und die Schwere einer Lebererkrankung verschlimmern.

Mögliche Komplikationen und langfristige Auswirkungen von NAFLD

Wenn NAFLD unbehandelt oder schlecht behandelt wird, kann es zu verschiedenen Komplikationen und Langzeitfolgen führen, darunter:

- **Nichtalkoholische Steatohepatitis (NASH):** Entzündung und Schädigung der Leberzellen, die zu Fibrose und Zirrhose führen können.

- **Fibrose:** Die Ansammlung von Narbengewebe in der Leber führt zu einer Beeinträchtigung der Leberfunktion und des Blutflusses.

- **Zirrhose:** Ausgedehnte Vernarbung der Leber, die zu Leberfunktionsstörungen und einem erhöhten Risiko für Leberversagen und Leberkrebs führt.

- **Hepatozelluläres Karzinom (HCC):** Die Entwicklung von Leberkrebs ist bei NAFLD-Fällen relativ selten.

Darüber hinaus ist NAFLD mit einem erhöhten Risiko für Herz-Kreislauf-Erkrankungen, einschließlich Herzinfarkten und Schlaganfällen, sowie Nierenerkrankungen verbunden.

Es ist wichtig anzuerkennen, dass der Verlauf und der Schweregrad der NAFLD von Person zu Person unterschiedlich sein können. Eine frühzeitige Diagnose, Änderungen des Lebensstils und geeignete medizinische Eingriffe sind entscheidend, um das Fortschreiten der Krankheit zu verhindern oder zu verlangsamen und das Risiko von Komplikationen zu verringern.

Wenn Sie den Verdacht haben, an NAFLD zu leiden oder sich Sorgen um Ihre Lebergesundheit machen, wird empfohlen, einen Arzt zu konsultieren. Regelmäßige Vorsorgeuntersuchungen wie Leberfunktionstests und bildgebende Untersuchungen können bei der Erkennung von NAFLD und der Überwachung ihres Fortschreitens hilfreich sein.

Durch einen gesunden Lebensstil, die Behandlung damit verbundener Erkrankungen und die Befolgung der Anweisungen von medizinischem Fachpersonal können Personen mit NAFLD das Risiko von Komplikationen verringern und ihre Lebergesundheit langfristig verbessern.

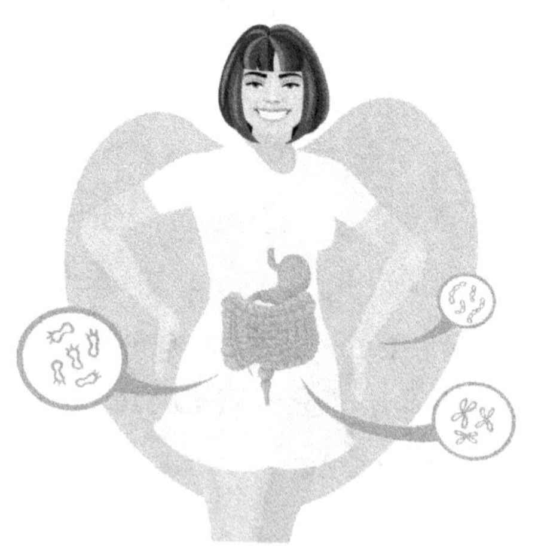

Kapitel 4

DIAGNOSE UND SCREENING VON NAFLD

In diesem vierten Kapitel konzentrieren wir uns auf Diagnose- und Screening-Methoden zur Identifizierung einer nichtalkoholischen Fettlebererkrankung (NAFLD). Wir werden die Bedeutung der Anamnese und der körperlichen Untersuchung bei der Identifizierung von NAFLD-gefährdeten Personen erläutern und die verschiedenen Diagnoseinstrumente und Screening-Methoden untersuchen, die medizinische Fachkräfte einsetzen.

Anamnese und körperliche Untersuchung

Während einer medizinischen Untersuchung erfassen medizinische Fachkräfte eine detaillierte Krankengeschichte und führen eine körperliche Untersuchung durch. Sie erkundigen sich nach Symptomen, Risikofaktoren und Lebensgewohnheiten, die zu einer Lebererkrankung beitragen können. Die körperliche Untersuchung kann das Abtasten des Bauches umfassen, um die Lebergröße zu beurteilen und etwaige Druckempfindlichkeit oder Vergrößerung festzustellen.

Bluttests für Leberfunktion und Biomarker

Blutuntersuchungen sind für die Diagnose und Überwachung von NAFLD von entscheidender Bedeutung. Sie bewerten die Leberfunktion und messen spezifische Biomarker, die auf eine Leberschädigung oder -entzündung hinweisen. Zu den gängigen Blutuntersuchungen gehören:

- **Leberfunktionstest:** Dabei werden Leberenzyme wie Alaninaminotransferase (ALT) und Aspartataminotransferase (AST) sowie andere Marker wie alkalische Phosphatase und Bilirubinspiegel beurteilt.

- **Blutfettprofil:** Hierbei werden die Cholesterin- und Triglyceridspiegel bewertet, die mit Stoffwechselstörungen bei NAFLD verbunden sein können.
- **Blutzucker- und Insulinspiegel:** Diese Tests beurteilen das Vorliegen von Insulinresistenz und Diabetes, die häufig mit NAFLD in Zusammenhang stehen.

Diese Blutuntersuchungen liefern wichtige Informationen über die Lebergesundheit und helfen bei der Bestimmung des Vorliegens und der Schwere einer NAFLD.

Bildgebende Verfahren: Ultraschall, MRT und Elastographie

Bildgebende Verfahren sind wertvolle Hilfsmittel zur Visualisierung der Leber und zur Erkennung von Fettansammlungen und damit verbundenen Leberschäden. Die am häufigsten verwendete Bildgebungsmethode für NAFLD ist Ultraschall, der nichtinvasiv, weit verbreitet und relativ kostengünstig ist. Ultraschall kann helfen, den

Fettgehalt der Leber zu beurteilen, die Lebergröße zu messen und Anzeichen einer Entzündung oder Fibrose zu erkennen.

In fortgeschritteneren Fällen oder wenn zusätzliche Informationen benötigt werden, können Magnetresonanztomographie (MRT) und Elastographie eingesetzt werden. Die MRT liefert detaillierte Bilder der Leber und kann Fettgehalt, Entzündung und Fibrose beurteilen. Die Elastographie misst die Lebersteifheit, die ein Indikator für eine Fibrose sein kann. Es handelt sich um eine nicht-invasive Alternative zur Leberbiopsie zur Beurteilung der Leberfibrose.

Leberbiopsie: Wann und wie sie durchgeführt wird

In bestimmten Fällen kann eine Leberbiopsie empfohlen werden, um die Diagnose einer NAFLD zu bestätigen und den Schweregrad der Leberschädigung zu beurteilen, insbesondere wenn die Diagnose unsicher ist oder der Verdacht auf eine fortgeschrittene Lebererkrankung besteht. Bei einer Leberbiopsie wird mit einer Nadel, typischerweise unter Ultraschallführung, eine kleine Probe

Lebergewebe entnommen. Die Probe wird dann unter einem Mikroskop untersucht, um das Ausmaß der Entzündung, Fibrose und anderer Merkmale einer Lebererkrankung zu beurteilen.

Eine Leberbiopsie ist ein invasiver Eingriff und birgt einige Risiken wie Blutungen oder Infektionen. Daher ist es in der Regel Fällen vorbehalten, bei denen erwartet wird, dass die erhaltenen Informationen erhebliche Auswirkungen auf Behandlungsentscheidungen haben.

Es ist wichtig zu beachten, dass der spezifische diagnostische Ansatz je nach den individuellen Umständen und dem verfügbaren Fachwissen variieren kann. Medizinische Fachkräfte bewerten jeden Fall einzeln und bestimmen die am besten geeigneten Diagnosetests und Screening-Methoden, um NAFLD genau zu diagnostizieren und zu beurteilen.

Eine frühzeitige Erkennung durch ordnungsgemäße Diagnose und Screening ist für eine wirksame Behandlung von NAFLD unerlässlich. Regelmäßige Kontrolluntersuchungen, Überwachung der Leberfunktion und geeignete diagnostische Tests können dabei helfen, die Erkrankung in einem frühen Stadium zu erkennen und ermöglichen rechtzeitige Eingriffe, Änderungen des Lebensstils und gezielte Behandlungen, um das Fortschreiten der Krankheit zu verhindern und die Lebergesundheit zu verbessern.

Kapitel 5

PRÄVENTION UND LEBENSSTILÄNDERUNG BEI NAFLD

In diesem fünften Kapitel werden wir die Bedeutung von Prävention und Lebensstiländerungen bei der Behandlung der nichtalkoholischen Fettlebererkrankung (NAFLD) untersuchen. Wir werden die Bedeutung der Aufrechterhaltung eines gesunden Gewichts als Schlüsselstrategie zur Vorbeugung und Behandlung von NAFLD hervorheben.

DerBedeutung der Aufrechterhaltung eines gesunden Gewichts

Um das NAFLD-Risiko zu verringern, ist die Aufrechterhaltung eines gesunden Gewichts von entscheidender Bedeutung. Übergewicht, insbesondere abdominale Adipositas, ist stark mit der Entstehung und dem Fortschreiten der Erkrankung verbunden. Selbst eine geringfügige Gewichtsabnahme von 5–10 % kann die Gesundheit der Leber erheblich verbessern und die Fettansammlung verringern.

Um ein gesundes Gewicht zu erreichen und zu halten, werden Einzelpersonen dazu ermutigt:

- Achten Sie auf eine ausgewogene und kalorienkontrollierte Ernährung.
- Treiben Sie regelmäßig Sport.
- Bitten Sie medizinisches Fachpersonal, Ernährungsberater oder Diätassistenten um Unterstützung, um personalisierte Pläne zur Gewichtsabnahme zu entwickeln.

Ernährungsempfehlungen für NAFLD-Patienten

Eine gesunde und ausgewogene Ernährung ist für die Behandlung von NAFLD von entscheidender Bedeutung. Die folgenden Ernährungsempfehlungen können zur Verbesserung der Lebergesundheit beitragen:

- Wählen Sie eine Ernährung, die reich an Obst, Gemüse, Vollkornprodukten und magerem Eiweiß ist.
- Begrenzen Sie die Aufnahme von gesättigten Fettsäuren und Transfetten sowie zuckerhaltigen und verarbeiteten Lebensmitteln.
- Entscheiden Sie sich für gesündere Kochmethoden wie Backen, Grillen oder Dämpfen statt Braten.
- Nehmen Sie mäßige Mengen gesunder Fette zu sich, wie sie beispielsweise in Avocados, Nüssen und Olivenöl enthalten sind.
- Begrenzen Sie die Aufnahme raffinierter Kohlenhydrate und zuckerhaltiger Getränke.

Personen mit NAFLD sollten medizinisches Fachpersonal oder registrierte Ernährungsberater konsultieren, um eine personalisierte Ernährungsberatung zu erhalten, die auf ihre Bedürfnisse und ihren Gesundheitszustand zugeschnitten ist.

Vorteile regelmäßiger körperlicher Aktivität

Rregelmäßig Körperliche Aktivität bietet zahlreiche Vorteile für Menschen mit NAFLD. Sport hilft nicht nur beim Gewichtsmanagement, sondern verbessert auch die Insulinsensitivität, reduziert Leberfett und fördert die allgemeine Herz-Kreislauf-Gesundheit. Streben Sie mindestens 150 Minuten Aerobic-Training mittlerer Intensität pro Woche und Krafttraining an, um Muskeln aufzubauen. Zu den zu berücksichtigenden Aktivitäten gehören:

- Zügiges Gehen
- Joggen oder Laufen
- Radfahren
- Baden
- Tanzen
- Aerobic-Kurse.

Es ist wichtig, vor Beginn eines Trainingsprogramms medizinisches Fachpersonal zu konsultieren, insbesondere bei Personen mit Vorerkrankungen.

Begrenzung des Alkoholkonsums und Vermeidung schädlicher Substanzen

Alkoholkonsum ist ein erheblicher Risikofaktor für Lebererkrankungen, einschließlich NAFLD. Um NAFLD effektiv vorzubeugen oder zu behandeln, ist es wichtig, den Alkoholkonsum einzuschränken oder zu unterbinden. Wenn sich Personen mit NAFLD dazu entschließen, Alkohol zu trinken, ist es ratsam, dies in Maßen zu tun und sich dabei an die Richtlinien des medizinischen Fachpersonals zu halten.

Neben Alkohol sollten Personen mit NAFLD auch schädliche Substanzen wie illegale Drogen und bestimmte Medikamente meiden, die der Lebergesundheit schaden können. Es ist wichtig, alle Medikamente, einschließlich rezeptfreier und pflanzlicher Nahrungsergänzungsmittel, mit medizinischem Fachpersonal zu besprechen, um sicherzustellen, dass sie für die Leberfunktion unbedenklich sind.

Durch die Übernahme dieser Lebensstiländerungen können Einzelpersonen ihr Risiko, an NAFLD zu erkranken, erheblich reduzieren oder ihre Lebergesundheit verbessern, wenn bereits eine NAFLD diagnostiziert wurde. Denken Sie daran, dass kleine Änderungen einen großen Unterschied machen können. Es ist wichtig, sich von medizinischem Fachpersonal beraten zu lassen, das individuelle Empfehlungen und Unterstützung auf dem Weg zu einem gesünderen Lebensstil geben kann.

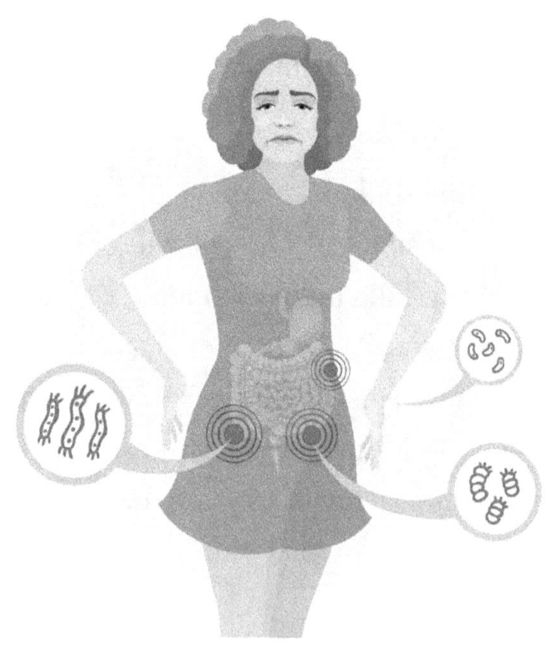

Kapitel 6

MEDIZINISCHE BEHANDLUNGEN FÜR NAFLD

In diesem sechsten Kapitel werden wir die verfügbaren medizinischen Behandlungen für die nichtalkoholische Fettlebererkrankung (NAFLD) untersuchen. Während Änderungen des Lebensstils nach wie vor von grundlegender Bedeutung für die NAFLD-Behandlung sind, können bestimmte Medikamente eingesetzt werden, um Grunderkrankungen zu behandeln und das Fortschreiten der Krankheit zu verhindern. Im Folgenden sind die wichtigsten medizinischen Behandlungen und Strategien zur Behandlung von NAFLD aufgeführt.

Medikamente zur Behandlung von Grunderkrankungen

NAFLD tritt häufig gleichzeitig mit anderen Erkrankungen wie Fettleibigkeit, Insulinresistenz, Dyslipidämie und Bluthochdruck auf. Um diese Grunderkrankungen zu behandeln und die Lebergesundheit zu verbessern, können medizinische Fachkräfte Medikamente verschreiben. Diese Medikamente wirken auf spezifische Risikofaktoren und Komorbiditäten im Zusammenhang mit NAFLD ein, darunter:

- Statine oder andere lipidsenkende Mittel zur Behandlung von Dyslipidämie.
- Antihypertensive Medikamente zur Kontrolle von Bluthochdruck.
- Antidiabetika oder Insulinsensibilisatoren zur Verbesserung der Insulinresistenz und der Blutzuckerkontrolle.
- Medikamente zur Gewichtsabnahme in ausgewählten Fällen unter Anleitung von medizinischem Fachpersonal.

Es ist wichtig zu beachten, dass die Medikamentenoptionen und -dosierungen individuell unter Berücksichtigung des allgemeinen Gesundheitszustands, der Krankengeschichte und der spezifischen Bedürfnisse des Patienten festgelegt werden.

Neue pharmazeutische Optionen für NAFLD/NASH

Die laufende Forschung beschäftigt sich mit der medikamentösen Behandlung von NAFLD und ihrer schwereren Form, der nichtalkoholischen Steatohepatitis (NASH). In klinischen Studien werden mehrere vielversprechende Therapien untersucht, die direkt auf die Fettansammlung, Entzündung und Fibrose in der Leber abzielen. Zu diesen neuen pharmazeutischen Optionen gehören:

- **FXR-Agonisten:** Diese Medikamente zielen auf den Farnesoid-X-Rezeptor ab, der die Gallensäuresynthese und den Gallensäurestoffwechsel sowie die Lipid- und Glukosehomöostase reguliert.

- **GLP-1-Rezeptoragonisten:** Ursprünglich für die Behandlung von Diabetes entwickelt, haben diese Medikamente gezeigt, dass sie die Lebergesundheit verbessern können, indem sie Leberfett, Entzündungen und Fibrose reduzieren.

- **Antioxidantien:** Bestimmte antioxidative Verbindungen wie Vitamin E haben bei NASH-Patienten einen gewissen Nutzen bei der Reduzierung von Leberentzündungen und oxidativem Stress gezeigt.

- **PPAR-Agonisten:** Diese Medikamente aktivieren Peroxisomen-Proliferator-aktivierte Rezeptoren, die den Fettstoffwechsel und Entzündungen regulieren.

Es ist wichtig hervorzuheben, dass diese neuen pharmazeutischen Optionen noch untersucht werden und weitere Forschung erforderlich ist, um ihre Sicherheit und Wirksamkeit bei der Behandlung von NAFLD und NASH festzustellen.

Bedeutung einer genauen Überwachung und Nachverfolgung

Regelmäßige Überwachung und Nachsorge sind entscheidende Bestandteile der NAFLD-Behandlung. Durch eine genaue Überwachung können medizinische Fachkräfte den

Krankheitsverlauf beurteilen, die Wirksamkeit von Behandlungen beurteilen und notwendige Anpassungen des Behandlungsplans vornehmen. Die Überwachung kann Folgendes umfassen:

- Regelmäßige Leberfunktionstests zur Beurteilung der Leberenzyme und der allgemeinen Lebergesundheit.

- Bildgebende Verfahren wie Ultraschall oder MRT zur Überwachung des Leberfettgehalts, der Entzündung und des Fortschreitens der Fibrose.

- Fibrosebeurteilungen mit nicht-invasiven Methoden wie Elastographie zur Überwachung des Ausmaßes der Lebernarbenbildung.

- Beurteilung des metabolischen und kardiovaskulären Risikos zur Behandlung von Komorbiditäten im Zusammenhang mit NAFLD.

Durch regelmäßige Überwachung können medizinische Fachkräfte Veränderungen in der Lebergesundheit erkennen und die Behandlungsstrategien entsprechend anpassen.

Dieser proaktive Ansatz zielt darauf ab, das Fortschreiten der Krankheit zu verhindern, Komplikationen zu bewältigen und die langfristigen Ergebnisse zu verbessern.

Eine der medizinischen Behandlungen für NAFLD umfasst die Behandlung der Grunderkrankungen, die Erkundung neuer pharmazeutischer Optionen sowie die Priorisierung einer engmaschigen Überwachung und Nachsorge. Ein multidisziplinärer Ansatz, an dem medizinisches Fachpersonal aus verschiedenen Fachgebieten beteiligt ist, ist unerlässlich, um Behandlungspläne an die individuellen Bedürfnisse anzupassen. Da die Forschung weiter voranschreitet, könnten neue Therapieoptionen verfügbar werden, die noch wirksamere und gezieltere Behandlungen für Menschen mit NAFLD ermöglichen.

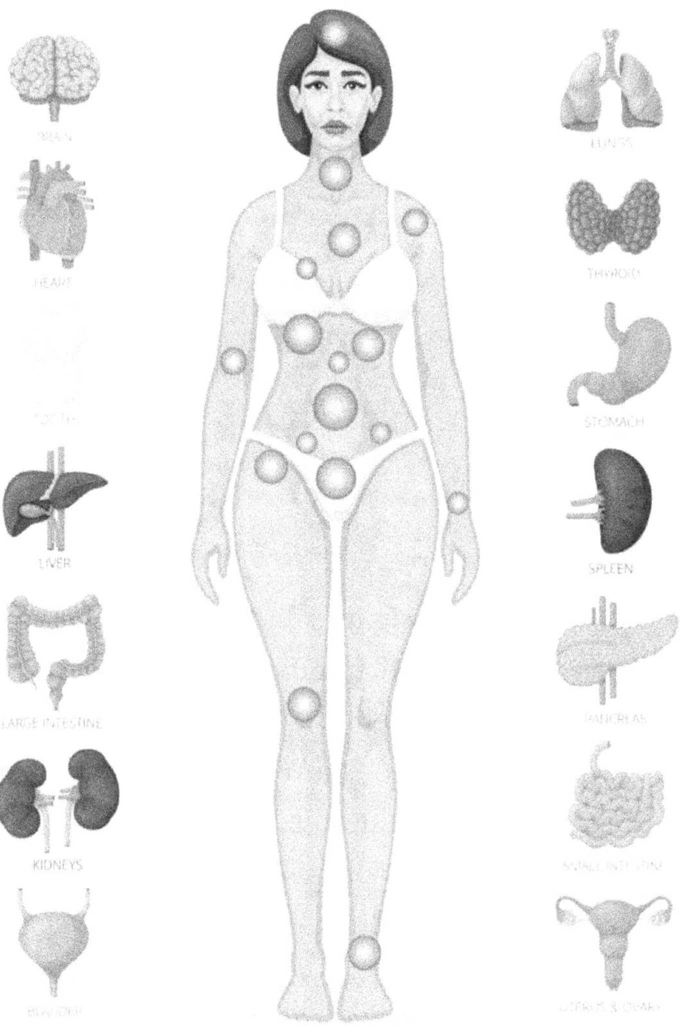
BRAIN
HEART
TEETH
LIVER
LARGE INTESTINE
KIDNEYS
BLADDER
LUNGS
THYROID
STOMACH
SPLEEN
PANCREAS
SMALL INTESTINE
UTERUS & OVARY

Kapitel 7

NATÜRLICHE UND ALTERNATIVE THERAPIEN FÜR NAFLD

In diesem siebten Kapitel werden wir den Einsatz natürlicher und alternativer Therapien zur Behandlung der nichtalkoholischen Fettlebererkrankung (NAFLD) untersuchen. Während diese Therapien mit Vorsicht und unter Anleitung von medizinischem Fachpersonal angegangen werden sollten, haben einige Optionen potenzielle Vorteile gezeigt. Die folgenden Unterüberschriften befassen sich mit verschiedenen Aspekten natürlicher und alternativer Therapien für NAFLD.

Pflanzliche Nahrungsergänzungsmittel und ihre potenziellen Vorteile

Pflanzliche Nahrungsergänzungsmittel werden seit Jahrhunderten in der traditionellen Medizin zur Förderung der Lebergesundheit eingesetzt. Zu den pflanzlichen Nahrungsergänzungsmitteln, deren potenzielle Vorteile bei NAFLD häufig untersucht werden, gehören:

- **Mariendistel (Silybum marianum):** Dieses Kraut enthält eine Verbindung namens Silymarin, die antioxidative und entzündungshemmende Eigenschaften hat. Es kann helfen, Leberzellen vor Schäden zu schützen und die Leberfunktion zu unterstützen.

- **Kurkuma (Curcuma longa):** Der Wirkstoff in Kurkuma, Curcumin, weist entzündungshemmende und antioxidative Eigenschaften auf. Es kann helfen, Leberentzündungen und oxidativen Stress zu reduzieren.

- **Grüner Tee (Camellia sinensis):** Grüner Tee ist reich an Antioxidantien, sogenannten Katechinen, die nachweislich die

Fettansammlung und Entzündungen in der
Leber reduzieren können.

- **Löwenzahn (Taraxacum officinale):**
  Löwenzahnwurzeln und -blätter werden
  traditionell zur Unterstützung der
  Lebergesundheit verwendet. Sie können die
  Entgiftung der Leber unterstützen und die
  Gallenproduktion fördern.

Obwohl pflanzliche Nahrungsergänzungsmittel
einige potenzielle Vorteile bieten können, ist es
wichtig zu bedenken, dass ihre Sicherheit und
Wirksamkeit bei NAFLD nicht umfassend
untersucht wurden. Darüber hinaus können die
individuellen Reaktionen auf pflanzliche
Nahrungsergänzungsmittel unterschiedlich sein und
mögliche Wechselwirkungen mit Medikamenten
sollten berücksichtigt werden. Bevor Sie ein
pflanzliches Nahrungsergänzungsmittel in ein
Behandlungsschema integrieren, ist die Konsultation
eines Arztes oder eines qualifizierten
Kräuterkundlers unerlässlich.

Rolle von diätetischen Antioxidantien und Omega-3-Fettsäuren

Die Ernährung spielt eine entscheidende Rolle bei der Unterstützung der Lebergesundheit und bestimmte Nährstoffe wurden auf ihren potenziellen Nutzen bei NAFLD untersucht. Zwei wichtige Komponenten, die es zu berücksichtigen gilt, sind Antioxidantien aus der Nahrung und Omega-3-Fettsäuren.

- **Nahrungsantioxidantien:** Lebensmittel, die reich an Antioxidantien sind, wie Obst, Gemüse und Vollkornprodukte, können dabei helfen, oxidativen Stress und Entzündungen in der Leber zu bekämpfen. Antioxidative Vitamine, einschließlich Vitamin C und E, sowie Mineralien wie Selen und Zink können eine schützende Wirkung haben. Diese Antioxidantien können durch eine ausgewogene Ernährung oder bei Bedarf durch Nahrungsergänzungsmittel unter ärztlicher Anleitung aufgenommen werden.
- **Omega-3-Fettsäuren:** In fettem Fisch, Leinsamen, Chiasamen und Walnüssen haben Omega-3-Fettsäuren entzündungshemmende

Eigenschaften und können helfen, Leberfett und Entzündungen zu reduzieren. Der Verzehr einer Ernährung, die reich an Omega-3-Fettsäuren ist, oder die Erwägung einer Fischölergänzung können von Vorteil sein. Es ist jedoch wichtig zu beachten, dass hohe Dosen von Omega-3-Nahrungsergänzungsmitteln Nebenwirkungen haben können und unter ärztlicher Aufsicht eingenommen werden sollten.

Erforschung komplementärer Therapien und ihrer Grenzen

Verschiedene ergänzende Therapien wie Akupunktur, Yoga und Meditation werden häufig als ergänzende Ansätze zur Behandlung von NAFLD untersucht. Während diese Therapien zum allgemeinen Wohlbefinden und zur Stressreduzierung beitragen können, ist ihr direkter Einfluss auf die Lebergesundheit nicht ausreichend belegt.

Es ist wichtig zu erkennen, dass natürliche und alternative Therapien nicht die von medizinischen

Fachkräften empfohlenen konventionellen medizinischen Behandlungen oder Änderungen des Lebensstils ersetzen sollten. Diese Therapien sollten als unterstützende Maßnahmen neben evidenzbasierten Ansätzen gesehen werden.

Darüber hinaus ist es wichtig, die Einschränkungen und potenziellen Risiken zu berücksichtigen, die mit natürlichen und alternativen Therapien verbunden sind. Das Fehlen standardisierter Vorschriften und Qualitätskontrollen bei der Herstellung pflanzlicher Nahrungsergänzungsmittel sowie mögliche Wechselwirkungen mit Medikamenten unterstreichen die Bedeutung der Rücksprache mit medizinischem Fachpersonal, bevor solche Therapien in einen Behandlungsplan aufgenommen werden.

Kapitel 8

BARIATRISCHE CHIRURGIE UND NAFLD

In diesem achten Kapitel werden wir den Zusammenhang zwischen bariatrischer Chirurgie und nichtalkoholischer Fettleberkrankung (NAFLD) untersuchen. Die bariatrische Chirurgie, auch bekannt als Operation zur Gewichtsreduktion, hat sich als potenzielle Behandlungsoption für Personen mit NAFLD herausgestellt, da sie zu einem erheblichen und anhaltenden Gewichtsverlust führen kann, der wiederum erhebliche Auswirkungen auf die Behandlung und die Ergebnisse der NAFLD haben kann.

Die folgenden Unterüberschriften bieten Einblicke in die Auswirkungen von Operationen zur Gewichtsreduktion auf NAFLD und die chirurgischen Optionen und Überlegungen für NAFLD-Patienten.

Einfluss von Operationen zur Gewichtsreduktion auf NAFLD

Operationen zur Gewichtsreduktion haben bemerkenswerte Auswirkungen auf NAFLD gezeigt, insbesondere bei Personen, die fettleibig oder stark übergewichtig sind. Zu den Vorteilen von Operationen zur Gewichtsreduktion bei NAFLD gehören:

- **Reduzierung des Leberfetts:** Eine bariatrische Operation kann zu einer erheblichen Verringerung der Fettansammlung in der Leber führen und dadurch die allgemeine Gesundheit der Leber verbessern.

- **Auflösung der nichtalkoholischen Steatohepatitis (NASH):** NASH, die schwerere Form der NAFLD, die durch eine Leberentzündung gekennzeichnet ist, kann nach einer Operation zur Gewichtsreduktion rückgängig gemacht oder deutlich verbessert werden.

- **Rückgang der Leberfibrose:** Operationen zur Gewichtsreduktion haben vielversprechende Wirkungen bei der Reduzierung der Leberfibrose gezeigt und dadurch das Fortschreiten der NAFLD zu fortgeschrittenen Stadien wie Zirrhose verhindert.

- **Verbesserung der Stoffwechselparameter:** Eine bariatrische Operation führt häufig zu erheblichen Verbesserungen der Stoffwechselparameter, die eng mit NAFLD verbunden sind, einschließlich Insulinresistenz, Blutzuckerspiegel, Lipidprofil und Blutdruck.

Chirurgische Optionen und Überlegungen für NAFLD-Patienten

Für Personen mit NAFLD, die eine bariatrische Operation in Betracht ziehen, stehen mehrere chirurgische Optionen zur Verfügung. Die Wahl der Operation hängt von verschiedenen Faktoren ab, wie zum Beispiel dem allgemeinen Gesundheitszustand des Patienten, dem Body-Mass-Index (BMI) und den individuellen Umständen. Zu den gängigen bariatrischen chirurgischen Operationsmethoden gehören:

- **Roux-en-Y-Magenbypass (RYGB):** Bei diesem Verfahren wird ein kleiner Magenbeutel angelegt und der Dünndarm umgeleitet, wodurch die Nahrungsaufnahme und die Nährstoffaufnahme reduziert werden.

- **Schlauchmagen:** Bei dieser Operation wird ein großer Teil des Magens entfernt, sodass ein kleinerer, ärmelförmiger Magen zurückbleibt. Dies schränkt die Nahrungsaufnahme ein und fördert die Gewichtsabnahme.

- **Biliopankreatische Diversion mit duodenalem Switch (BPD-DS):** Bei dieser komplexen Operation wird ein großer Teil des Magens entfernt und der Dünndarm neu verlegt, um die Nahrungsaufnahme und Nährstoffaufnahme zu begrenzen.

Bei der Erwägung einer bariatrischen Operation bei NAFLD-Patienten spielen mehrere wichtige Überlegungen eine Rolle:

- **Schweregrad der NAFLD:** Der Schweregrad der NAFLD und das Vorliegen anderer Lebererkrankungen können die Entscheidung für eine Operation beeinflussen. In einigen Fällen kann eine fortgeschrittene Lebererkrankung eine bariatrische Operation kontraindizieren.

- **Abnehmziele:** Der gewünschte Gewichtsverlust und die erwarteten Ergebnisse sollten mit dem Gesundheitsteam besprochen werden, um die am besten geeignete chirurgische Option zu bestimmen.

- **Multidisziplinärer Ansatz:** Die bariatrische Chirurgie erfordert einen multidisziplinären Ansatz, an dem medizinisches Fachpersonal, darunter Chirurgen, Ernährungsberater, Psychologen und Hepatologen, beteiligt ist, um eine umfassende präoperative Beurteilung, postoperative Pflege und langfristige Nachsorge sicherzustellen.

Es ist wichtig zu beachten, dass eine bariatrische Operation nicht ohne Risiken und potenzielle Komplikationen ist. Patienten, die diese Verfahren in Betracht ziehen, sollten sich einer gründlichen Untersuchung unterziehen und eine umfassende Beratung erhalten, um die potenziellen Vorteile, Risiken und Änderungen des Lebensstils im Zusammenhang mit einer Operation zur Gewichtsreduktion zu verstehen.

Die bariatrische Chirurgie hat vielversprechende Ergebnisse bei der Verbesserung der Lebergesundheit und der Verringerung des Fortschreitens der NAFLD gezeigt. Der durch diese chirurgischen Eingriffe verursachte Gewichtsverlust kann zu einer Verringerung des Leberfetts, einer Auflösung des NASH und einer Verbesserung der Stoffwechselparameter führen.

Eine sorgfältige Patientenauswahl, eine gründliche Beurteilung und ein langfristiges multidisziplinäres Management sind jedoch unerlässlich, um den Nutzen zu maximieren und die Risiken einer bariatrischen Operation für Personen mit NAFLD zu minimieren.

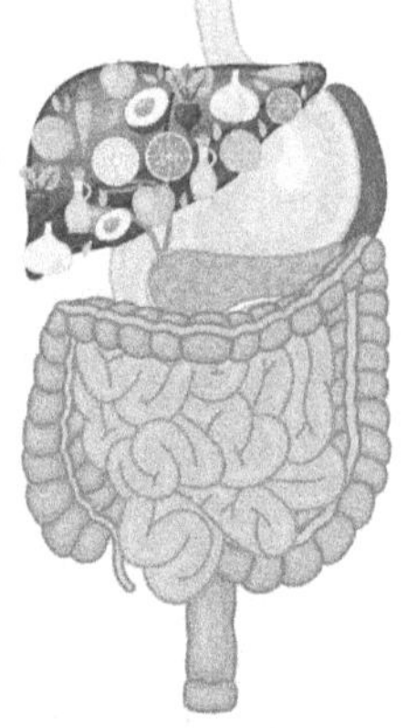

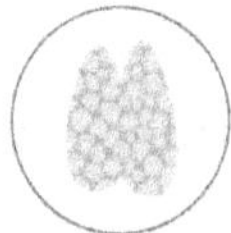

Thymus

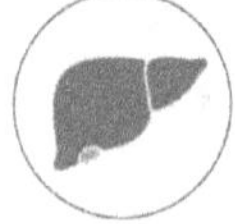

Liver

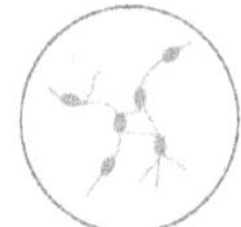

Lymph nodes

Appendix

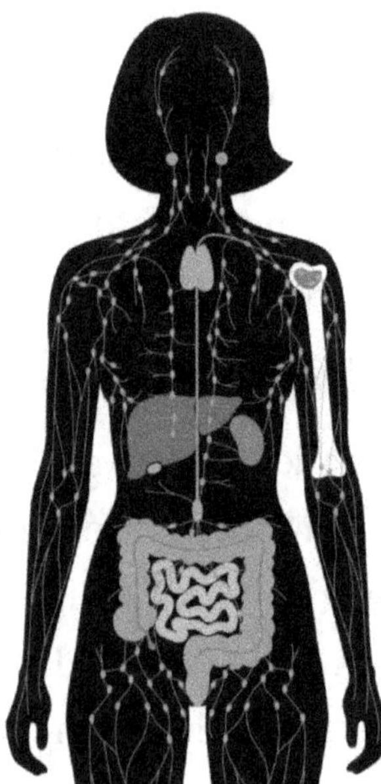

Tonsil

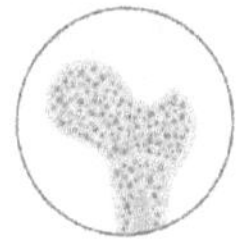

Red bone marrow

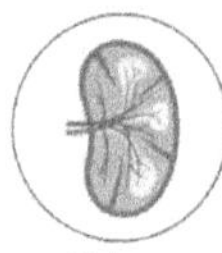

Spleen

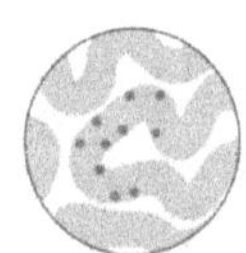

Peyer's patches

Kapitel 9

UMGANG MIT NAFLD BEI KINDERN

In diesem neunten Kapitel konzentrieren wir uns auf die Behandlung der nichtalkoholischen Fettlebererkrankung (NAFLD) bei Kindern. Die Prävalenz pädiatrischer NAFLD hat in den letzten Jahren zugenommen, was besondere Herausforderungen in Bezug auf Diagnose und Behandlung mit sich bringt.

In diesem Kapitel werden die zunehmende Prävalenz der NAFLD bei Kindern und die damit verbundenen Herausforderungen untersucht und die Bedeutung einer frühzeitigen Intervention und Änderungen des

Lebensstils für eine wirksame Behandlung hervorgehoben.

Steigende Prävalenz pädiatrischer NAFLD

NAFLD bei Kindern kommt weltweit immer häufiger vor, was den weltweiten Anstieg der Adipositasraten bei Kindern widerspiegelt. Dieser Zustand ist durch die Ansammlung von Fett in der Leber gekennzeichnet, was zu Entzündungen und Leberschäden führen kann, wenn nichts dagegen unternommen wird. Zu den Faktoren, die zur steigenden Prävalenz der NAFLD bei Kindern beitragen, gehören:

- **Fettleibigkeit Epidemie:** Übergewicht, insbesondere zentrale Fettleibigkeit, und viszerale Fettansammlung sind die Hauptrisikofaktoren für NAFLD bei Kindern.

- **Sitzender Lebensstil:** Mangelnde körperliche Aktivität und übermäßige Zeit vor dem Bildschirm tragen zur Gewichtszunahme und zur Entwicklung von NAFLD bei Kindern bei.

- **Ungesunde Ernährungsgewohnheiten:** Der Verzehr von kalorienreichen, verarbeiteten Lebensmitteln, zuckerhaltigen Getränken und einer Ernährung mit hohem Gehalt an gesättigten Fetten und raffinierten Kohlenhydraten erhöht das NAFLD-Risiko.

Einzigartige Herausforderungen bei Diagnose und Behandlung

Die Diagnose und Behandlung von NAFLD bei Kindern stellt im Vergleich zu Erwachsenen besondere Herausforderungen dar. Kinder zeigen möglicherweise nicht frühzeitig offensichtliche Symptome, was die Diagnose erschwert. Zu den besonderen Herausforderungen bei der NAFLD-Behandlung bei Kindern gehören:

- **Fehlendes Bewusstsein:** Viele medizinische Fachkräfte, Eltern und sogar Kinder selbst verstehen möglicherweise nicht vollständig die Auswirkungen und möglichen langfristigen Folgen der NAFLD bei Kindern.
- **Begrenzte Behandlungsmöglichkeiten:** Derzeit sind keine spezifischen Medikamente zur Behandlung von NAFLD bei Kindern zugelassen. Das Management konzentriert

sich hauptsächlich auf Änderungen des Lebensstils.

- **Psychosoziale Auswirkungen:** Kinder mit NAFLD können mit psychosozialen Herausforderungen wie geringem Selbstwertgefühl, Problemen mit dem Körperbild und einem erhöhten Risiko für Depressionen oder Angstzustände aufgrund der damit verbundenen Stigmatisierung und Änderungen des Lebensstils konfrontiert sein.

Bedeutung von Frühintervention und Lebensstiländerungen

Frühzeitiges Eingreifen und Änderungen des Lebensstils sind für die wirksame Behandlung von NAFLD bei Kindern von entscheidender Bedeutung. Es ist wichtig, die Erkrankung umfassend anzugehen, indem die folgenden Strategien umgesetzt werden:

- **Gesunde Essgewohnheiten:** Fördern Sie eine ausgewogene Ernährung mit viel Obst, Gemüse, Vollkornprodukten und magerem Eiweiß. Begrenzen Sie den Konsum von zuckerhaltigen Lebensmitteln, verarbeiteten Snacks und zuckerhaltigen Getränken.

- **Regelmäßige körperliche Aktivität:** Fördern Sie einen aktiven Lebensstil durch Bewegung und Spielen im Freien. Die Teilnahme an altersgerechten körperlichen Aktivitäten trägt zur Gewichtskontrolle und zum allgemeinen Wohlbefinden bei.
- **Gewichtsmanagement:** Arbeiten Sie mit medizinischem Fachpersonal zusammen, um einen maßgeschneiderten Plan zur Gewichtskontrolle zu entwickeln, einschließlich der Festlegung realistischer Ziele und der Überwachung des Fortschritts.
- **Familienbeteiligung:** Die Unterstützung von Eltern und Betreuern ist bei der Umsetzung von Lebensstiländerungen von entscheidender Bedeutung. Die Einbeziehung der gesamten Familie in die Übernahme gesunder Gewohnheiten schafft ein unterstützendes Umfeld für das Kind.

Darüber hinaus sind eine engmaschige Überwachung und regelmäßige Nachsorge durch medizinisches Fachpersonal unerlässlich, um den

Fortschritt der Erkrankung zu verfolgen, mögliche Komplikationen einzuschätzen und notwendige Anpassungen des Behandlungsplans vorzunehmen.

Die zunehmende Prävalenz pädiatrischer NAFLD erfordert ein erhöhtes Bewusstsein, eine frühzeitige Erkennung und ein proaktives Management. Durch einen multidisziplinären Ansatz, an dem medizinisches Fachpersonal, Eltern und das Kind beteiligt sind, können Änderungen des Lebensstils mit Schwerpunkt auf gesunder Ernährung, regelmäßiger körperlicher Aktivität und Gewichtskontrolle von entscheidender Bedeutung für die wirksame Behandlung von NAFLD bei Kindern und die Verhinderung langfristiger Leberkomplikationen sein.

Kapitel 10

PSYCHOLOGISCHE AUSWIRKUNG UND UNTERSTÜTZUNG FÜR PERSONEN MIT NAFLD

In diesem zehnten Kapitel werden wir uns mit den psychologischen Auswirkungen der nichtalkoholischen Fettlebererkrankung (NAFLD) auf den Einzelnen befassen. Das Leben mit NAFLD kann erhebliche emotionale und psychologische Auswirkungen haben. In diesem Kapitel werden die Herausforderungen untersucht, die es für das psychische Wohlbefinden mit sich bringt.

Wir werden die psychologischen Auswirkungen von NAFLD, Bewältigungsstrategien und die Bedeutung der Unterstützung der psychischen Gesundheit durch Selbsthilfegruppen und Beratung diskutieren.

Psychologische Auswirkungen des Lebens mit NAFLD

Die Diagnose NAFLD kann eine Reihe von Emotionen und psychologischen Auswirkungen auslösen. Zu den häufigen psychologischen Auswirkungen, die bei Personen mit NAFLD auftreten, gehören:

- **Angst:** Unsicherheit über die Zukunft, Angst vor dem Fortschreiten der Krankheit oder Bedenken hinsichtlich der Auswirkungen von NAFLD auf die allgemeine Gesundheit können zu Ängsten führen.

- **Depression:** Die chronische Natur von NAFLD, mögliche Einschränkungen bei täglichen Aktivitäten und wahrgenommene Stigmatisierung können zu Traurigkeits- und Depressionsgefühlen führen.

- **Probleme mit dem Körperbild:**Veränderungen im körperlichen

Erscheinungsbild aufgrund von NAFLD, wie Gewichtszunahme oder Blähungen, können zu einer Unzufriedenheit mit dem Körperbild und einem negativen Selbstbild führen.

- **Soziale und emotionale Wirkung:** NAFLD kann persönliche Beziehungen, soziale Interaktionen und die allgemeine Lebensqualität beeinträchtigen und möglicherweise zu Gefühlen der Isolation oder Frustration führen.

Bewältigungsstrategien und Unterstützung der psychischen Gesundheit

Der Umgang mit den psychologischen Auswirkungen von NAFLD ist entscheidend für das allgemeine Wohlbefinden. Hier sind einige Bewältigungsstrategien, die Einzelpersonen dabei helfen können, die mit der Erkrankung verbundenen emotionalen Herausforderungen zu meistern:

- **Bildung und Information:** Das Erlernen von NAFLD, seinen Ursachen und Behandlungsstrategien kann dazu beitragen, dass sich Einzelpersonen besser unter Kontrolle fühlen und befähigt werden, fundierte Entscheidungen über ihre Gesundheit zu treffen.

- **Emotionale Unterstützung:** Die Suche nach Unterstützung von Familie, Freunden oder Selbsthilfegruppen kann eine Plattform für den Erfahrungsaustausch, den Ausdruck von Gefühlen und die Suche nach Verständnis und Ermutigung sein.

- **Gesunde Bewältigungsmechanismen:** Bewegung, Hobbys, Achtsamkeit und Entspannungstechniken können helfen, Stress abzubauen und das emotionale Wohlbefinden zu fördern.

- **Kommunikation:** Das offene Besprechen von Bedenken und Emotionen mit medizinischem Fachpersonal kann eine unterstützende Beziehung fördern und Hinweise zum Umgang mit den psychologischen Aspekten der NAFLD geben.

Rolle von Selbsthilfegruppen und Beratung

Selbsthilfegruppen und Beratung spielen eine entscheidende Rolle bei der Bewältigung der psychologischen Auswirkungen von NAFLD. Sie bieten Einzelpersonen einen sicheren Raum, um

Erfahrungen auszutauschen, Erkenntnisse zu gewinnen und emotionale Unterstützung zu erhalten. Zu den wichtigsten Aspekten von Selbsthilfegruppen und Beratung bei NAFLD gehören:

- **Unterstützung durch Freunde:** Der Austausch mit Personen, die ähnliche Erfahrungen gemacht haben, kann das Gefühl der Isolation lindern und praktische Tipps für den Umgang mit NAFLD geben.

- **Professionelle Beratung:** Beratungsgespräche mit Fachleuten für psychische Gesundheit können Einzelpersonen dabei helfen, wirksame Bewältigungsstrategien zu entwickeln, emotionale Herausforderungen anzugehen und das allgemeine psychische Wohlbefinden zu verbessern.

- **Bildung und Stärkung:** Selbsthilfegruppen und Beratung können Informationen zur Stressbewältigung, zur Verbesserung des Selbstwertgefühls und zum Aufbau von Resilienz liefern und es Einzelpersonen ermöglichen, die emotionalen Aspekte von NAFLD besser zu bewältigen.

Es ist wichtig zu erkennen, dass die Suche nach Unterstützung für die psychologischen Auswirkungen von NAFLD kein Zeichen von Schwäche, sondern vielmehr ein proaktiver Schritt in Richtung ganzheitliches Wohlbefinden ist. Durch die Auseinandersetzung mit den psychologischen Auswirkungen können Menschen mit NAFLD ihre Lebensqualität verbessern, ihre Bewältigungsstrategien verbessern und eine positive Einstellung entwickeln, um die Erkrankung effektiv zu bewältigen.

Die psychologischen Auswirkungen eines Lebens mit NAFLD sollten nicht unterschätzt werden. Für eine umfassende Betreuung ist es unerlässlich, emotionale Herausforderungen zu erkennen und anzugehen. Durch Bewältigungsstrategien, Unterstützung bei der psychischen Gesundheit und die Teilnahme an Selbsthilfegruppen oder Beratung können Menschen mit NAFLD Trost finden, ihr emotionales Wohlbefinden verbessern und ihre

Widerstandsfähigkeit auf ihrem Weg zur effektiven
Bewältigung von NAFLD fördern.

Kapitel 11

ZUKÜNFTIGE FORSCHUNG UND VERSPRECHENDE BEREICHE

In den letzten Jahren gab es umfangreiche Forschungsarbeiten, die sich auf die nichtalkoholische Fettlebererkrankung (NAFLD) und ihre fortschreitende Form, die nichtalkoholische Steatohepatitis (NASH), konzentrierten. Forscher auf der ganzen Welt sind bestrebt, unser Verständnis dieser Erkrankungen zu verbessern und mögliche Wege für eine verbesserte Diagnose, Behandlung und Patientenergebnisse zu erkunden.

Wissenschaftler führen umfangreiche Studien durch, um die komplexe Pathogenese von NAFLD und NASH zu entschlüsseln. Sie untersuchen verschiedene Faktoren, darunter genetische Veranlagung, Zusammensetzung der Darmmikrobiota, Entzündungswege und Stoffwechselstörungen. Durch die Vertiefung dieser Bereiche wollen Forscher die zugrunde liegenden Mechanismen aufklären, die die Entwicklung und das Fortschreiten von NAFLD und NASH vorantreiben.

Aktuelle Forschung zu NAFLD und NASH

Die Forschungsbemühungen rund um NAFLD und NASH nehmen zu und konzentrieren sich auf verschiedene Aspekte dieser Erkrankungen. Zu den aktuellen Forschungsschwerpunkten gehören:

- **Krankheitsmechanismen:** Untersuchung der zugrunde liegenden Mechanismen, die an der Entwicklung und dem Fortschreiten von NAFLD und NASH beteiligt sind, einschließlich metabolischer Dysregulation, Entzündung und genetischer Faktoren.

- **Risikostratifizierung:** Entwicklung verbesserter Methoden zur Identifizierung von Personen mit einem höheren Risiko für die Entwicklung fortgeschrittener

NAFLD-Stadien, beispielsweise durch den Einsatz von Biomarkern, genetischem Profiling und nicht-invasiven Diagnosetools.

- **Nicht-invasive Diagnostik:** Weiterentwicklung nicht-invasiver Diagnosetechniken wie bildgebender Verfahren (z. B. Magnetresonanz-Elastographie, transiente Elastographie) und blutbasierter Biomarker, um Leberfibrose genau zu beurteilen und das Fortschreiten der Krankheit vorherzusagen.

- **Epidemiologie und Demografie:** Untersuchen Sie die epidemiologischen Trends und Demografien von NAFLD und NASH, um die Auswirkungen dieser Erkrankungen auf verschiedene Bevölkerungsgruppen besser zu verstehen und potenzielle Risikofaktoren zu identifizieren.

- **Darm-Leber-Achse:** Erforschung der komplexen Beziehung zwischen Darmmikrobiota, Darmpermeabilität und Lebergesundheit, um potenzielle therapeutische Ziele zu identifizieren.

Mögliche Durchbrüche und gezielte Therapien

Mehrere potenzielle Durchbrüche und gezielte Therapien werden untersucht, um den ungedeckten Bedarf im NAFLD- und NASH-Management zu decken. Zu diesen vielversprechenden Forschungsbereichen gehören:

- **Pharmakologische Interventionen:** Entwicklung neuartiger Medikamente, die auf bestimmte an NAFLD und NASH beteiligte Signalwege abzielen, wie z. B. Stoffwechselregulatoren, entzündungshemmende Mittel und antifibrotische Therapien.

- **Präzisionsmedizin:** Verwendung personalisierter Ansätze zur Identifizierung von Subtypen von NAFLD und NASH, um maßgeschneiderte Behandlungsstrategien basierend auf individuellen Merkmalen, genetischen Profilen und dem Ansprechen auf die Therapie zu ermöglichen.

- **Nutrazeutika und diätetische Interventionen:** Erforschung der potenziellen Vorteile spezifischer

Nahrungsbestandteile wie Omega-3-Fettsäuren, Antioxidantien und Präbiotika bei der Linderung von Leberschäden und der Verbesserung der Stoffwechselgesundheit bei NAFLD- und NASH-Patienten.

- **Kombinationstherapien:** Untersuchung der Wirksamkeit der Kombination verschiedener Therapiemodalitäten, einschließlich Medikamenten, Änderungen des Lebensstils und chirurgischer Eingriffe, um optimale Ergebnisse bei der NAFLD- und NASH-Behandlung zu erzielen.

DerBedeutung kontinuierlicher wissenschaftlicher Fortschritte

Kontinuierliche wissenschaftliche Fortschritte sind für die Bewältigung der komplexen Natur von NAFLD und NASH von größter Bedeutung. Die Bedeutung der laufenden Forschung und wissenschaftlichen Bemühungen in diesen Bereichen kann nicht genug betont werden:

- **Verbesserte Diagnose:**Entwicklung genauerer und zugänglicherer Diagnosetools zur Erkennung und Einstufung von NAFLD und NASH, die ein frühzeitiges Eingreifen und eine bessere Überwachung des Krankheitsverlaufs ermöglichen.

- **Wirksame Therapeutika:** Förderung gezielter Therapien, die speziell auf die zugrunde liegenden Mechanismen von NAFLD und NASH eingehen, die Behandlungsergebnisse verbessern und die Belastung durch Leberkomplikationen verringern.

- **Präventionsstrategien:** Führen Sie Untersuchungen durch, um wirksame Präventivmaßnahmen zu ermitteln, einschließlich Änderungen des Lebensstils, Frühinterventionsprogrammen und Initiativen im Bereich der öffentlichen Gesundheit, die darauf abzielen, die Inzidenz und Prävalenz von NAFLD und NASH zu reduzieren.

- **Gesundheitspolitik und Richtlinien:** Forschung zur Information über gesundheitspolitische Entscheidungen und zur Entwicklung evidenzbasierter Leitlinien für die Diagnose, Behandlung und Prävention von NAFLD und NASH.

Die aktuelle Forschung zu NAFLD und NASH treibt Fortschritte beim Verständnis der zugrunde liegenden Mechanismen, der Verbesserung der Diagnostik und der Erforschung potenzieller gezielter Therapien voran. Die laufenden wissenschaftlichen Fortschritte in diesen Bereichen sind vielversprechend für die zukünftige Behandlung von NAFLD und NASH und bieten das Potenzial, die Ergebnisse zu verbessern, das Fortschreiten der Krankheit zu verhindern und die Belastung für Einzelpersonen und Gesundheitssysteme zu verringern.

Kontinuierliche Investitionen in die Forschung und die Zusammenarbeit zwischen Wissenschaftlern, Angehörigen der Gesundheitsberufe und politischen Entscheidungsträgern sind von entscheidender Bedeutung, um die wachsende Belastung durch NAFLD und NASH zu bewältigen und das Leben betroffener Menschen weltweit zu verbessern.

ABSCHLUSS

Die nichtalkoholische Fettlebererkrankung (NAFLD) ist eine weit verbreitete Erkrankung, die durch die Ansammlung von Fett in der Leber gekennzeichnet ist. Es ist eng mit Fettleibigkeit, metabolischem Syndrom und ungesunden Lebensgewohnheiten verbunden. Wenn NAFLD unbehandelt bleibt, kann es zu einer nichtalkoholischen Steatohepatitis (NASH) kommen, die zu Fibrose, Zirrhose und Leberversagen führen kann.

Dieser umfassende Leitfaden hat wertvolle Einblicke in das Verständnis, die Diagnose und die Behandlung von NAFLD geliefert. Es wurden verschiedene Aspekte behandelt, darunter die Anatomie und Funktion der Leber, der Zusammenhang zwischen NAFLD und Fettleibigkeit sowie die Arten und Stadien der Krankheit.

Die Symptome einer NAFLD können subtil sein oder fehlen, daher ist es wichtig, die Risikofaktoren zu erkennen und sich regelmäßigen Untersuchungen zu unterziehen. Änderungen des Lebensstils spielen eine zentrale Rolle bei der Behandlung von NAFLD. Wichtige Empfehlungen sind die Aufrechterhaltung eines gesunden Gewichts durch eine ausgewogene Ernährung, regelmäßige körperliche Aktivität und die Einschränkung des Alkoholkonsums.

Zusätzlich zu Änderungen des Lebensstils können medizinische Behandlungen erforderlich sein, um die mit NAFLD verbundenen Grunderkrankungen zu behandeln. Neue pharmazeutische Optionen werden erforscht, und eine genaue Überwachung und Nachverfolgung sind für eine erfolgreiche Behandlung unerlässlich.

Natürliche und alternative Therapien wie pflanzliche Nahrungsergänzungsmittel, Antioxidantien aus der Nahrung und Omega-3-Fettsäuren können in Verbindung mit herkömmlichen Behandlungen zusätzliche Vorteile bieten. Es ist jedoch wichtig, diese Therapien mit Vorsicht anzugehen und medizinisches Fachpersonal zu konsultieren, bevor sie beginnen.

Für Personen mit fortgeschrittener NAFLD kann eine bariatrische Operation eine praktikable Option zur Gewichtsabnahme und Verbesserung der Lebergesundheit sein. Allerdings sind sorgfältige Überlegungen und Beurteilungen erforderlich, um die Eignung der Operation für jeden Patienten zu bestimmen.

Pädiatrische NAFLD gibt zunehmend Anlass zur Sorge, und eine frühzeitige Intervention durch Änderungen des Lebensstils ist von entscheidender Bedeutung, um das Fortschreiten der Krankheit und langfristige Komplikationen bei Kindern zu verhindern.

Das Leben mit NAFLD kann erhebliche psychologische Auswirkungen haben. Es ist wichtig, das emotionale Wohlbefinden von Personen mit NAFLD durch Bewältigungsstrategien, Unterstützung der psychischen Gesundheit und die Beteiligung an Selbsthilfegruppen und Beratung zu fördern.

Der Leitfaden betonte auch die Bedeutung der laufenden Forschung zu NAFLD und NASH. Die aktuelle Forschung zielt darauf ab, die zugrunde liegenden Mechanismen zu entschlüsseln, mögliche Durchbrüche zu erkunden und gezielte Therapien für eine wirksamere Behandlung zu entwickeln.

Zusammenfassend lässt sich sagen, dass Früherkennung, Änderungen des Lebensstils und eine angemessene medizinische Behandlung der Schlüssel zur wirksamen Behandlung von NAFLD sind. Durch die Umsetzung dieser Strategien können Personen mit NAFLD ihre Lebergesundheit verbessern, das Risiko von Komplikationen verringern und ihr allgemeines Wohlbefinden verbessern. Es ist von entscheidender Bedeutung, das Bewusstsein zu schärfen, regelmäßige Vorsorgeuntersuchungen zu fördern und einen multidisziplinären Ansatz für die umfassende Behandlung von NAFLD zu fördern.

FAQs (HÄUFIG GESTELLTE FRAGEN)

F1: Was ist die Hauptursache für NAFLD?

A1: Als Hauptursache der nichtalkoholischen Fettlebererkrankung (NAFLD) gelten Fettleibigkeit und das metabolische Syndrom. Allerdings können auch andere Faktoren wie Insulinresistenz, Typ-2-Diabetes, Bluthochdruck und hohe Cholesterinwerte zur Entstehung von NAFLD beitragen.

F2: Ist NAFLD reversibel?

A2: Ja, NAFLD ist reversibel, insbesondere im Frühstadium. Änderungen des Lebensstils, einschließlich Gewichtsabnahme, gesunde Ernährung, mehr körperliche Aktivität und Vermeidung von Alkohol, können dazu beitragen, die Lebergesundheit zu verbessern und den Zustand umzukehren. In fortgeschrittenen Stadien der NAFLD, wie etwa der nichtalkoholischen Steatohepatitis

(NASH) mit Fibrose oder Zirrhose, kann es jedoch schwieriger sein, den Schaden rückgängig zu machen.

F3: Kann NAFLD zu Leberkrebs führen?

A3:Während NAFLD selbst keinen direkten Leberkrebs verursacht, haben Personen mit fortgeschrittenen NAFLD-Stadien, insbesondere solche mit NASH und Leberzirrhose, ein erhöhtes Risiko, an Leberkrebs zu erkranken. Regelmäßige Überwachung und angemessene Behandlung von NAFLD können dazu beitragen, dieses Risiko zu verringern.

F4: Gibt es spezielle Ernährungseinschränkungen für NAFLD-Patienten?

A4: Es gibt keine spezifischen Ernährungseinschränkungen für NAFLD-Patienten. Eine ausgewogene und gesunde Ernährung ist jedoch von entscheidender Bedeutung. Dazu gehört typischerweise die Reduzierung der Aufnahme von gesättigten Fetten, raffinierten Kohlenhydraten und zugesetztem Zucker bei gleichzeitiger Erhöhung des Verzehrs von Obst, Gemüse, Vollkornprodukten, magerem Eiweiß und gesunden Fetten. Für eine individuelle Ernährungsberatung wird empfohlen, einen Arzt oder einen registrierten Ernährungsberater zu konsultieren.

F5: Kann NAFLD bei Kindern verhindert werden?

A5:Während NAFLD bei Kindern immer häufiger vorkommt, kann es durch frühzeitiges Eingreifen und Änderungen des Lebensstils verhindert oder sein Fortschreiten gestoppt werden. Die Förderung gesunder Essgewohnheiten, die Förderung regelmäßiger körperlicher Aktivität und die Aufrechterhaltung eines gesunden Gewichts sind wichtige vorbeugende Maßnahmen für Kinder, bei denen das Risiko besteht, an NAFLD zu erkranken.

F6: Wie oft sollten sich NAFLD-Patienten einer Nachuntersuchung unterziehen?

A6: Die Häufigkeit der Nachuntersuchungen bei NAFLD-Patienten kann je nach individueller Erkrankung und Risikofaktoren variieren. Im Allgemeinen wird eine regelmäßige Überwachung empfohlen, um die Leberfunktion, den Krankheitsverlauf und mögliche Komplikationen zu beurteilen. Am besten konsultieren Sie einen Arzt, der individuelle Empfehlungen basierend auf der Krankengeschichte des Patienten und dem Schweregrad seiner NAFLD geben kann.